@
U0287890

信息图少儿奇趣百科系列

精巧实用的机械

[英] 乔恩·理查兹　[英] 艾德·西姆金斯　著　马阳阳　译

JINGQIAOSHIYONG DE JIXIE

GUANGXI NORMAL UNIVERSITY PRESS
广西师范大学出版社
·桂林·

目录 | CONTENTS

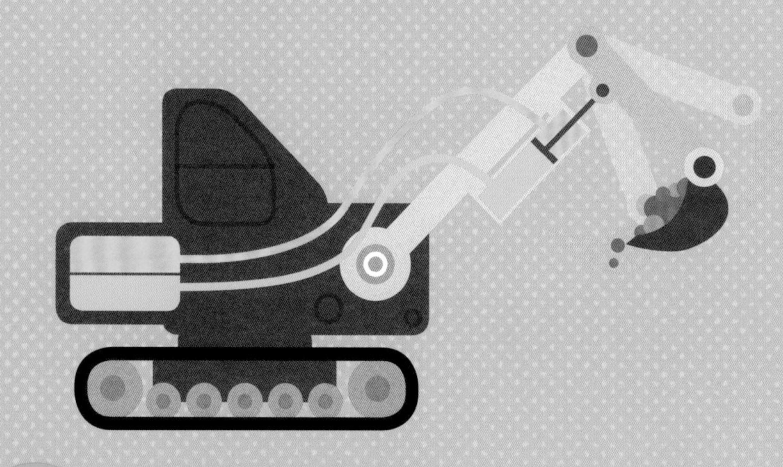

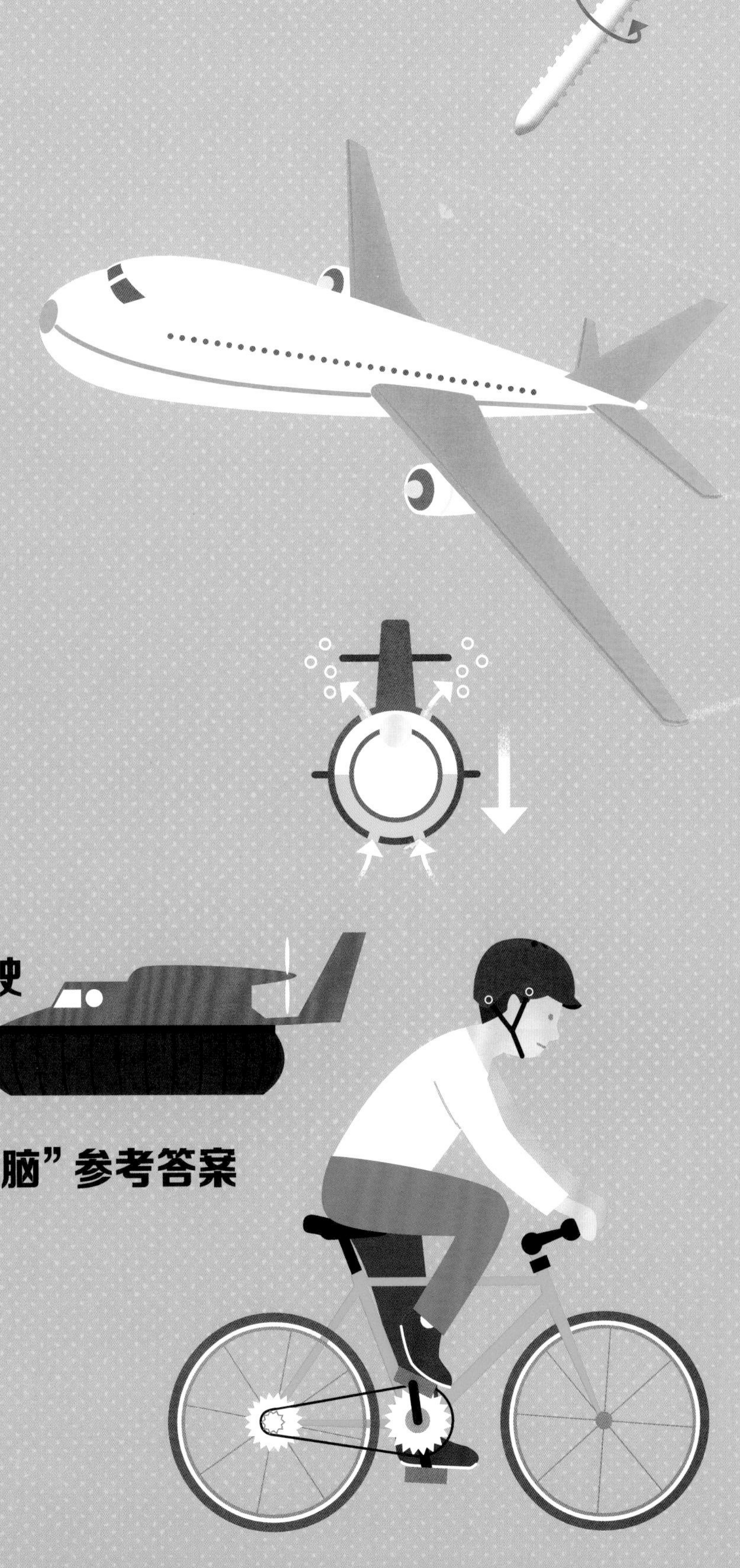

机械让生活更便捷

人类设计、制造机械的初衷，是为了让生活更便捷，无论是举起一个巨大的重物，还是在空中运送数百人到达数千千米之外。跟随这本书，我们来一同了解机械如何工作，如何让我们的生活更加便捷。

简单机械

科学家们把简单机械分成杠杆、轮轴、滑轮、斜面、楔子和螺旋六种。在这本书中，你会见到利用这些简单机械进行工作的设备。

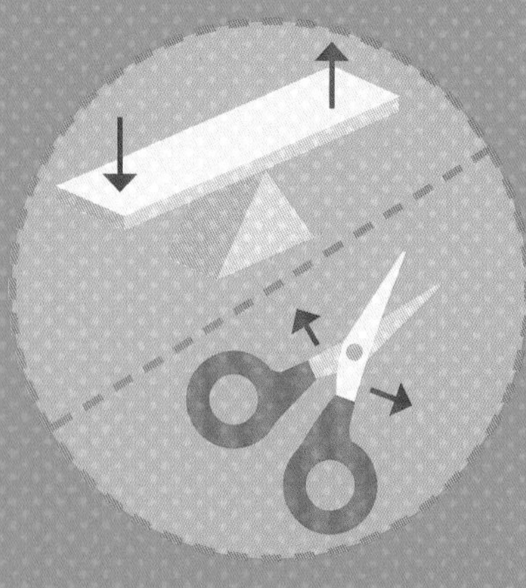

杠杆

杠杆利用连杆或传动杆围绕支点转动。手推车和剪刀的设计就是运用了杠杆原理。

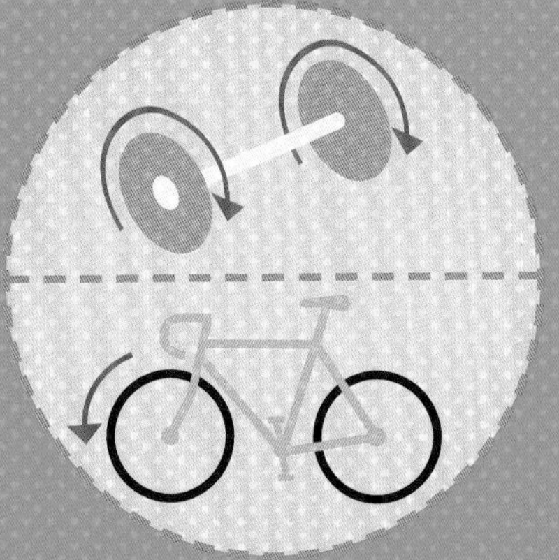

轮轴

轮轴装置上的轮子绕中心轴转动，自行车、汽车等交通工具都是轮轴机械。

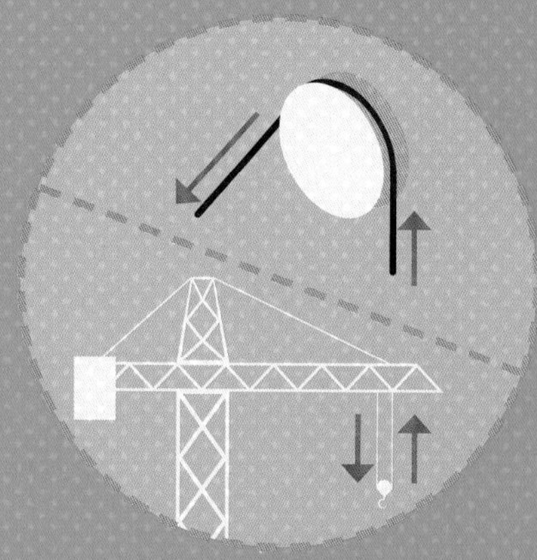

滑轮

利用滑轮和轮轴，通过传送绳索可以改变力的方向。起重机就运用了滑轮。

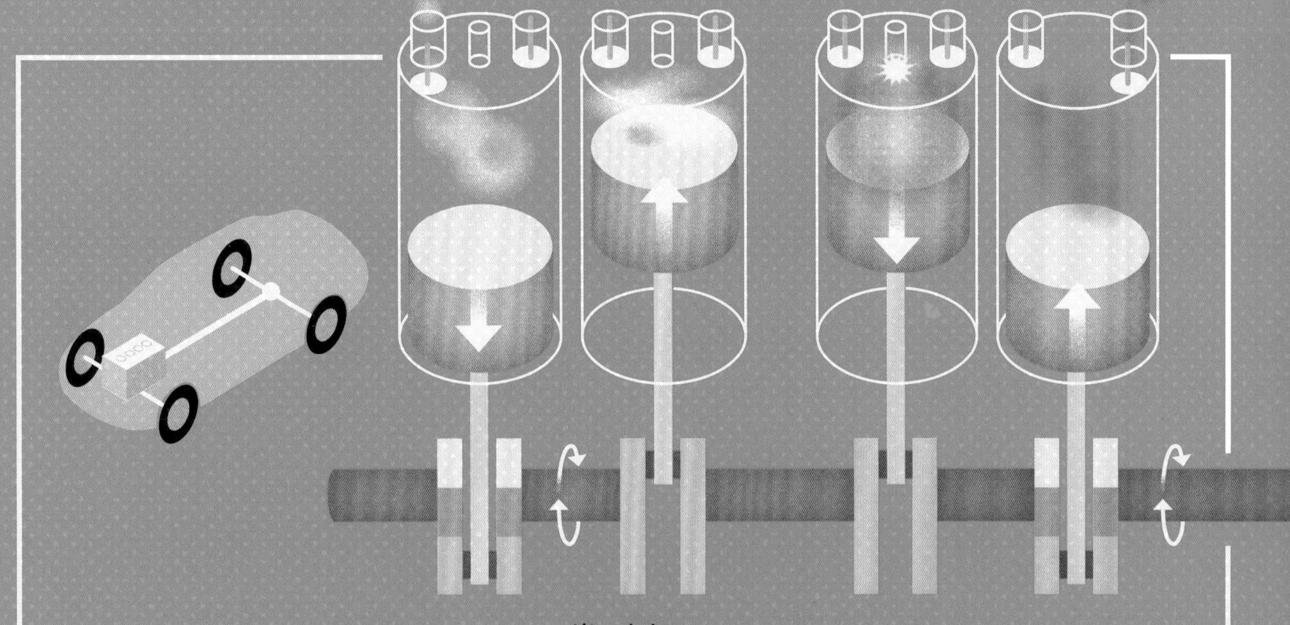

发动机

发动机又叫引擎，它可以将其他形式的能量转化为机械能。比方说，汽车的动力来源于储藏在汽油里的化学能。汽油燃烧推动活塞运动，使车轮转动。

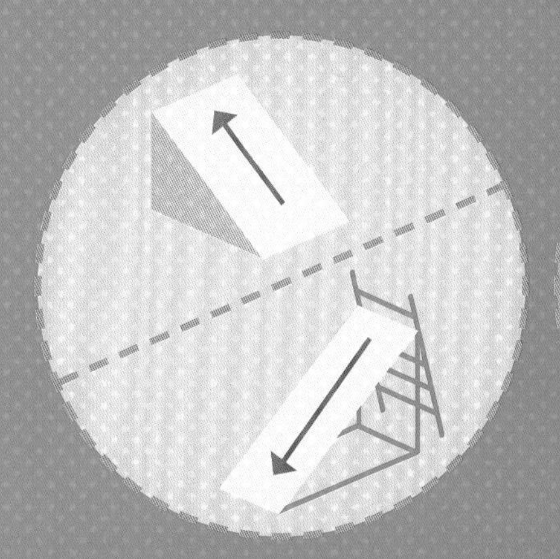

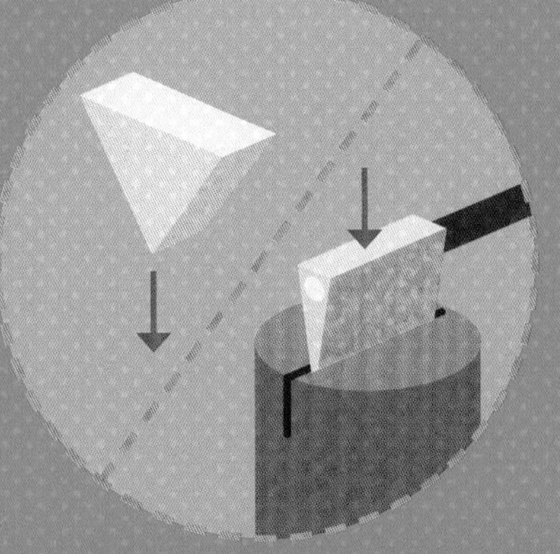

斜面

我们可以利用倾斜的平面来提升重物。坡道和滑梯都运用了斜面。

楔子

楔子是一种三角形的简单机械，一头尖，一头宽。楔子的用途很多，可以用来制作切削工具，如斧头和刀子。

螺旋

螺旋是指附有螺纹的简单机械。它可以将螺旋运动转化为水平运动。

自行车是如何行驶的

早期的自行车并没有脚蹬和挡位，而是由骑行的人用双脚蹬地推动自行车前进。

蹬自行车可是个力气活儿，要是选错了挡位，就更费劲了。变速自行车上有多个挡位，可以适应不同的路况，比如斜坡、平地，或者颠簸路段等。

❶ 链条

自行车上的链条将链轮和后轮连接起来。这样一来，脚蹬的转动会带动后轮跟着转动。

❷ 低挡位

将自行车拨到低挡位，链条就会连接后轮盘上最大的那圈齿轮。此时，链轮转动一圈，只能带动后轮转动一点点。使用这个挡位时，自行车起步、过颠簸路段或者爬坡的话会轻松一些，但是速度不快。

动动手，动动脑

尝试一下用低挡位在山路上骑行，然后再在同一个上坡路段用高挡位骑行，哪个更轻松呢？

荷兰的弗雷德·罗姆佩尔伯格创下了自行车最快时速的纪录。当时，他在一辆装有挡风板的竞速改装汽车后面骑行，速度达到了269千米/时！

3 升挡

升挡是指链条被拨至后轮盘上小一些的齿轮上。

4 高挡位

在高挡位上，链轮每转动一圈，将会带动后轮转动好几圈。使用高挡位时，自行车起步会很费劲，但是速度可以很快。

自行车如何刹车

一旦停止蹬自行车，车子就会慢慢停下来——当然，下坡的时候除外。这是因为自行车轮胎和路面的摩擦可以减速。但是，如果想立刻停车，就需要增加摩擦力。

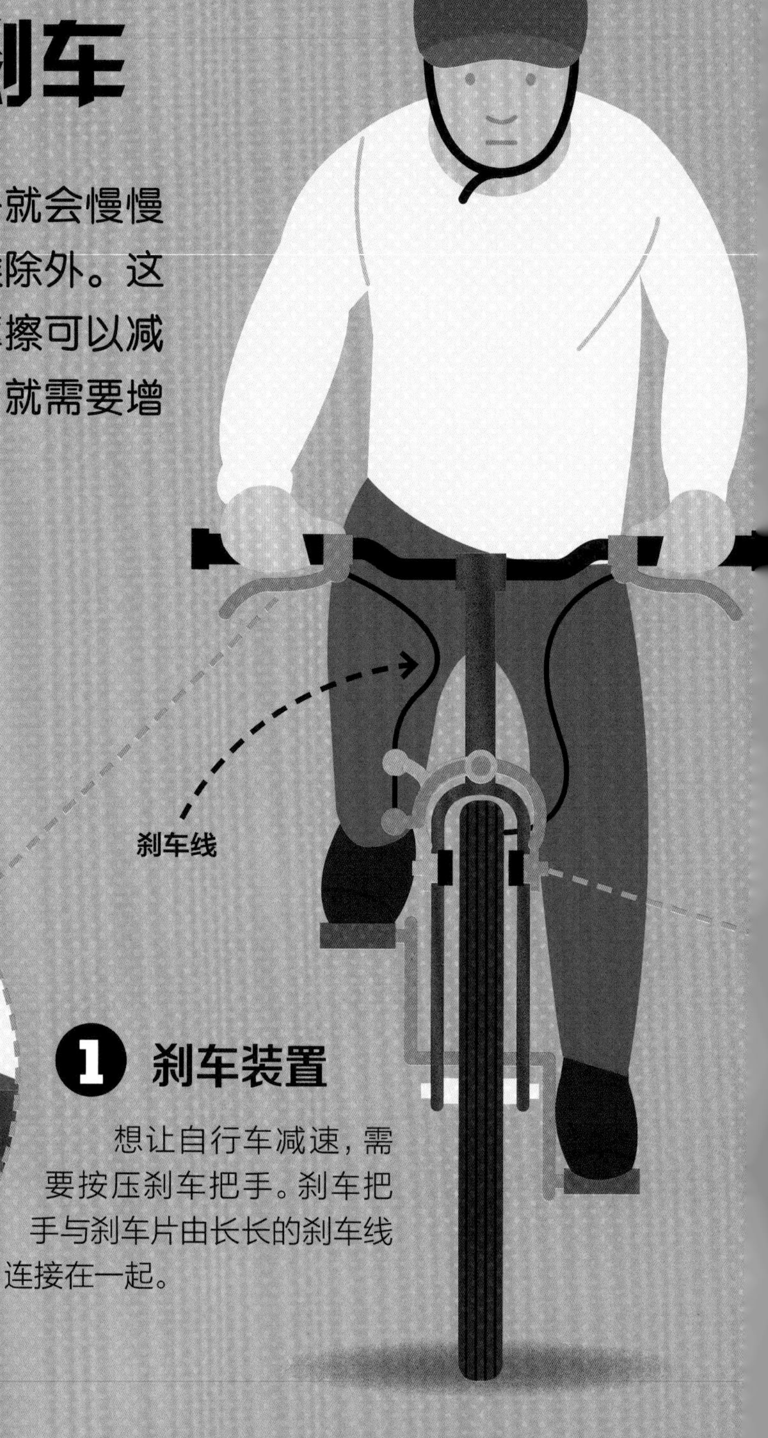

❶ 刹车装置

想让自行车减速，需要按压刹车把手。刹车把手与刹车片由长长的刹车线连接在一起。

“寻血猎犬”超音速汽车是一款利用火箭动力驱动的汽车。它在冲击陆上最大行驶速度的世界纪录时，利用空气制动系统、减速伞和钢制刹车系统，将时速从1 600千米降到了零。

动动手，动动脑

将手指按在桌面上摩擦，可以发现手指会变热，这个热量是由摩擦产生的。同样，刹车片和刹车盘在摩擦时也会变热。

2 刹车

按压刹车把手后，刹车线收紧，拉动前后轮上的刹车钳。

3 摩擦

刹车钳将橡胶刹车片收紧，压在车轮外缘或与车轮连接的刹车盘上，从而增大摩擦力。

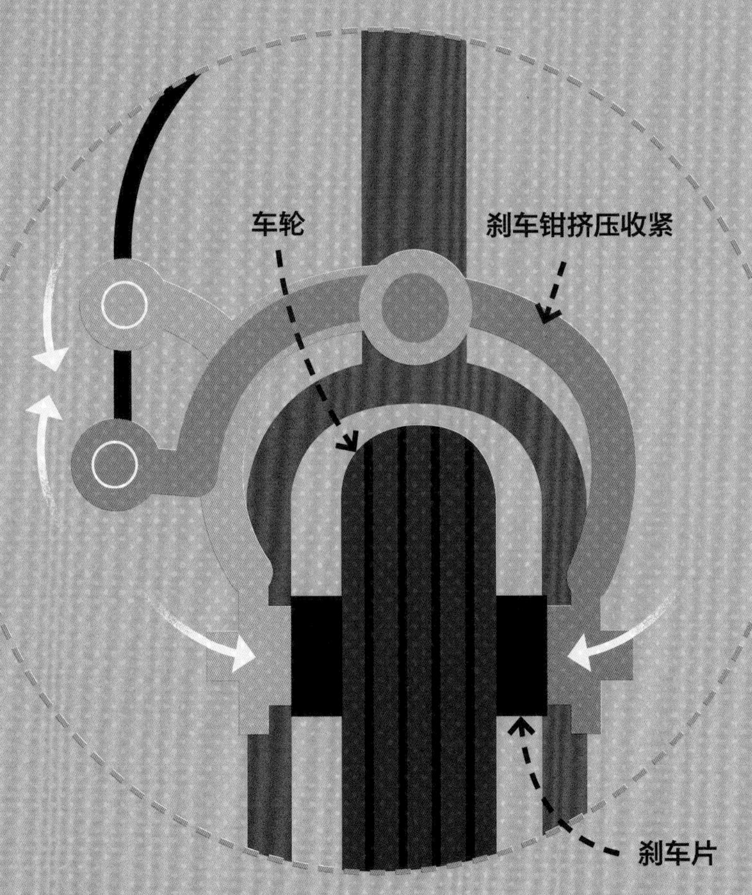

4 减速

摩擦力增大后，车轮转速减慢，车子随之减速。

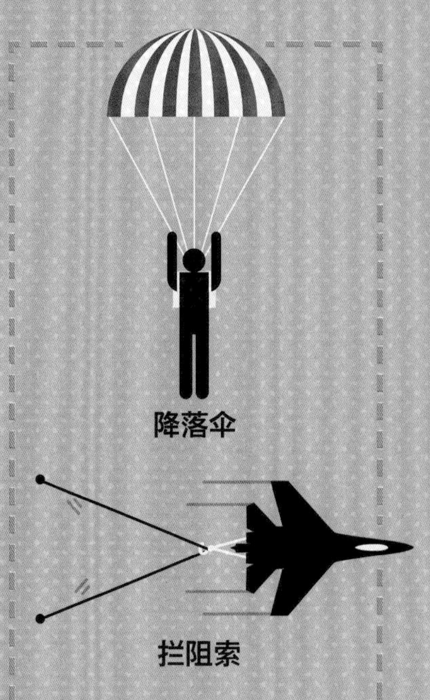

想要让运动中的人或机器减速，还有其他的方法。比如，高速赛车和跳伞者会利用降落伞产生的空气阻力来减速。而战斗机在航空母舰上降落时，则会用机身尾部的着舰钩钩住甲板上的拦阻索，达到减速直至停止的效果。

起重机如何提起重物

城市街道上巍然矗立的起重机，可以将重物提起，运送到高处或者人力难以运达的地方。起重机工作时要用到长长的缆绳，缆绳连接着滑轮组。利用滑轮，可以轻松地提起重物。

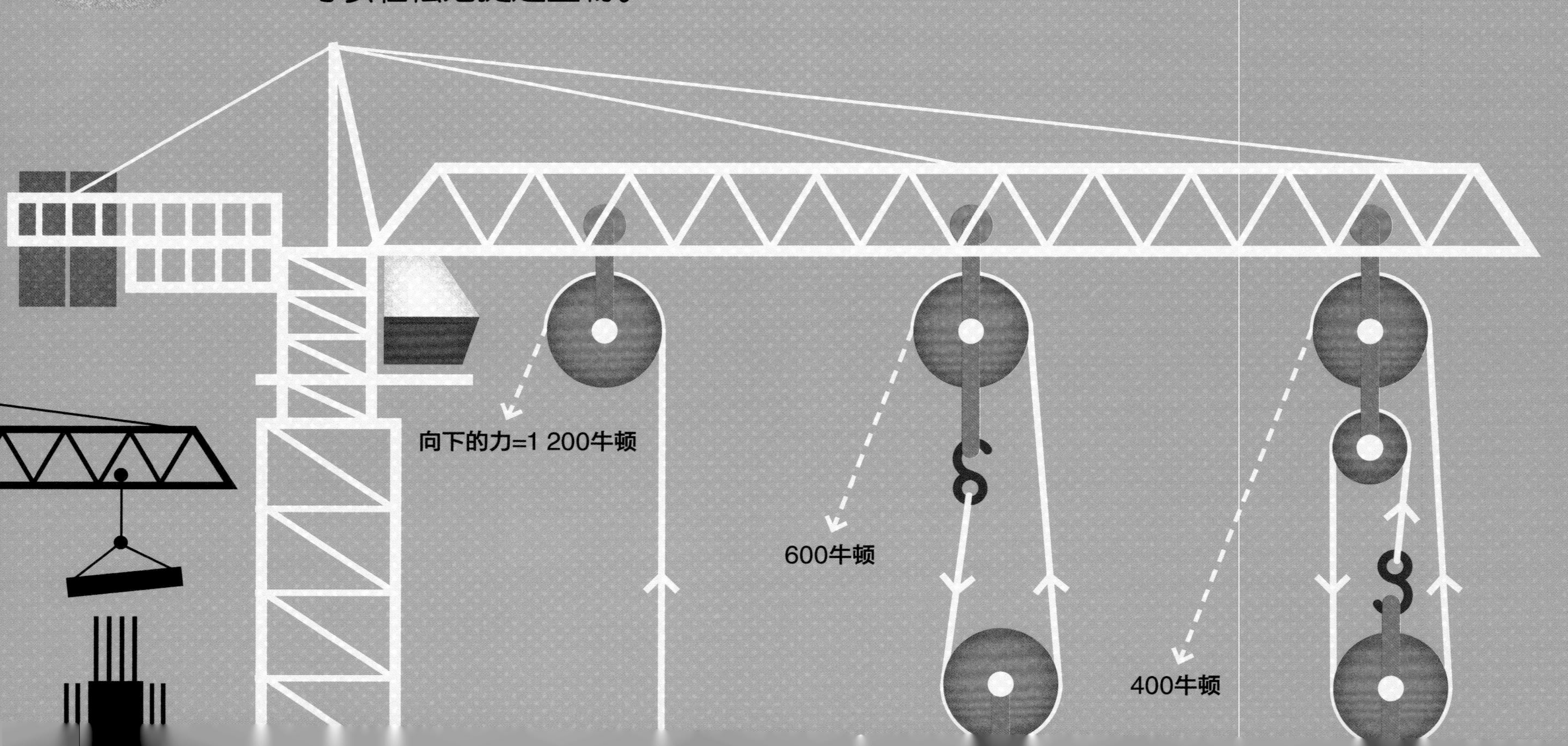

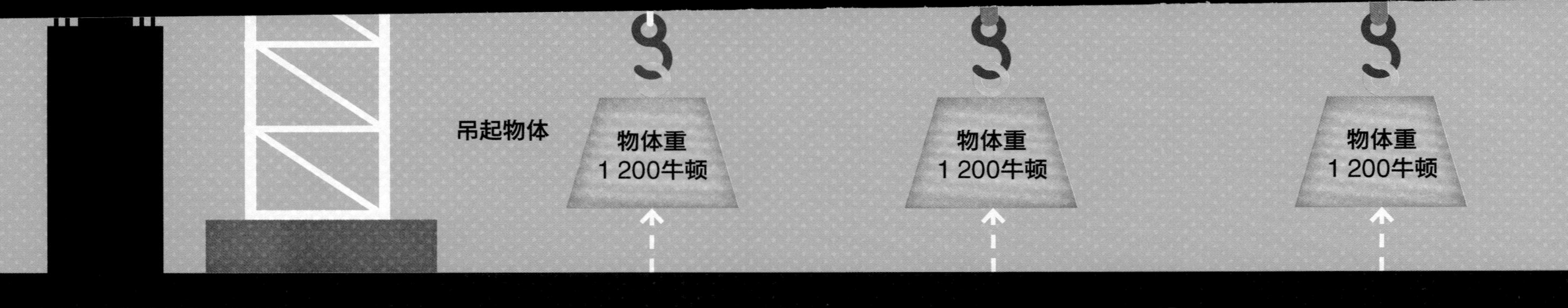

中国有一架名为“泰山”的起重机，可以吊起20 000多吨重的物体，相当于两座埃菲尔铁塔那么重！

❶ 滑轮

滑轮可以改变力的方向，因而当拉下缆绳时，向下的力可以向上吊起物体。单个定滑轮不能省力，拉绳时用的力与物体的重力相等。

❷ 双滑轮

在吊起物体时，加一个动滑轮就可以省一半的力。也就是说，如果物体的重力是1 200牛顿，那么你只需要用600牛顿的力就可以把它吊起。不过，你拉缆绳的距离是单滑轮时的2倍。

❸ 三滑轮

再加一个滑轮就意味着你只需花三分之一的力量就可以吊起物体。也就是说，如果这个物体重力为1 200牛顿，那么你只需要用400牛顿的力就可以把它吊起。不过，你拉缆绳的距离将会是单滑轮时的3倍。

动动手，动动脑

制作一个简易滑轮。摆上两摞书，中间搭一根木棍，将一段线绳搭在木棍上。线绳的一端系上一件物品，拉线绳的另一端，吊起物品。多试几次，吊起不同质量的物品。

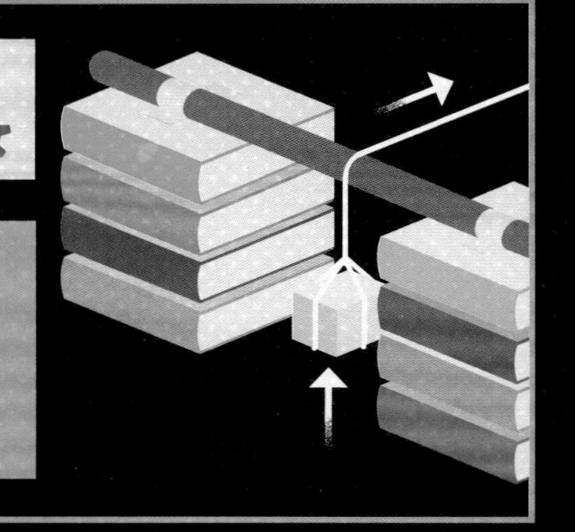

挖掘机如何工作

在建筑工地上，挖掘机等建筑机械会挖出大量的石块和沙土，然后把它们装到翻斗卡车上。在这个过程中，挖掘机需要用到一套由管线、活塞和液体组成的液压装置。

1 伸展

油液通过油泵输送，推动液压活塞运动。这是因为，当液体从管线这一端输送出去时，液体的压力也随之传导到了管线的另一端。

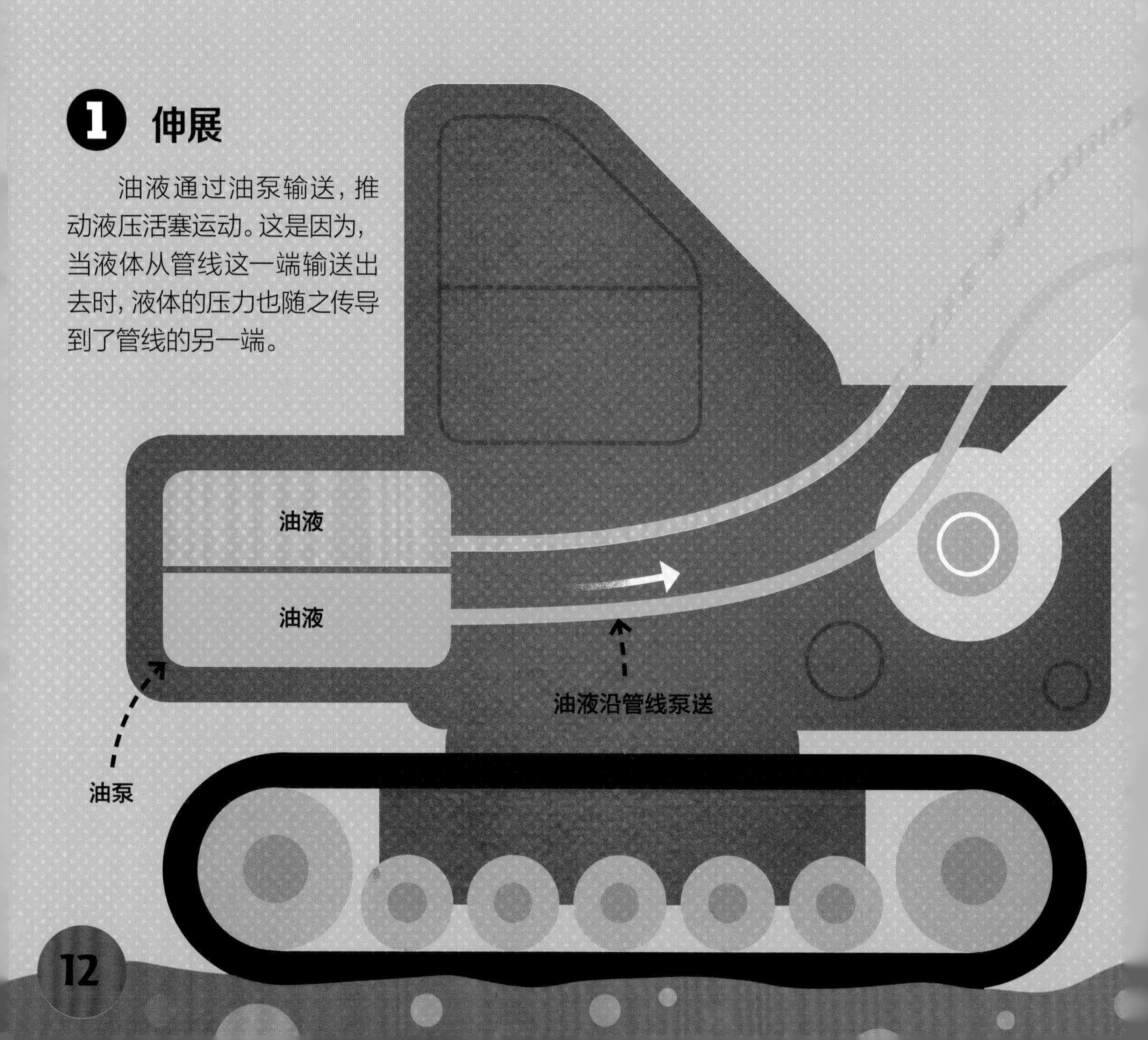

动动手，动动脑

世界上最大的翻斗卡车可以载重500吨。如果一辆挖掘机一次可以装卸25吨重物，那么挖掘机需要装卸多少次才能将翻斗卡车装满？

❷ 推力

当更多的油液由油泵送过来时，液体压力会增大，推动液压缸中的活塞向缸的一端运动。

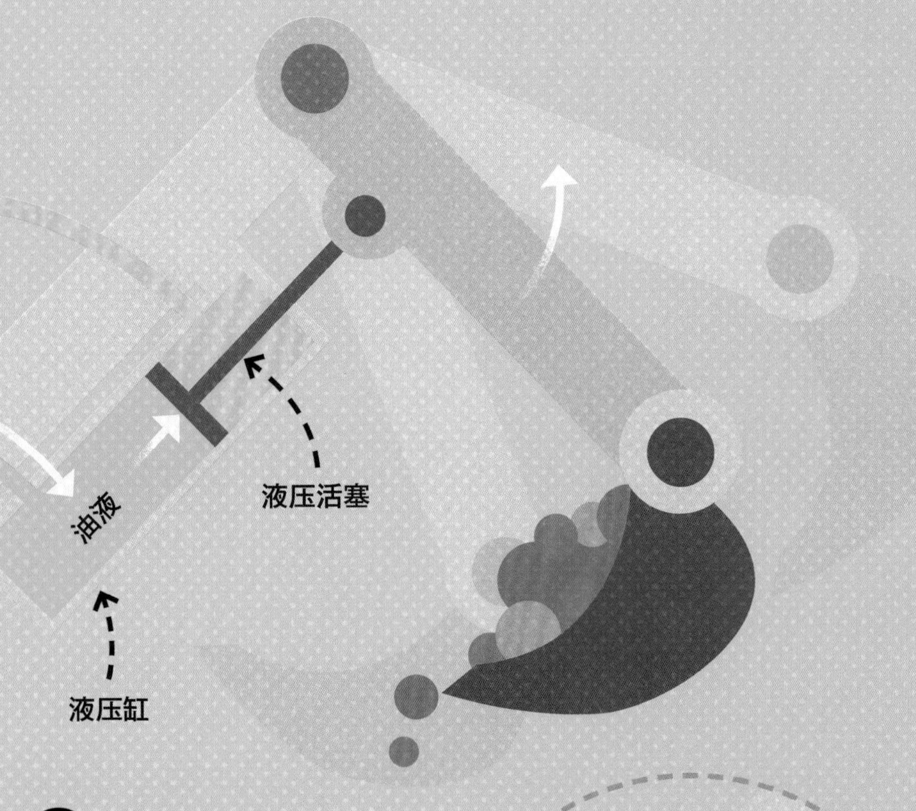

挖掘机展臂伸出

❸ 移动

活塞向外运动时，会推动挖掘机的展臂，从而使展臂向外伸出。

❹ 回位

挖掘机的展臂收回时，油液从液压缸里被抽出，并且带动活塞回位。

活塞回位

汽车如何运动

一般来说，汽车前盖下方是发动机，发动机燃烧燃料产生使车轮转动的力量。发动机根据在一个工作循环期间活塞往复运动的数量，分为二冲程发动机和四冲程发动机，其间会发生数千次微型爆炸反应。现代汽车多采用四冲程发动机。

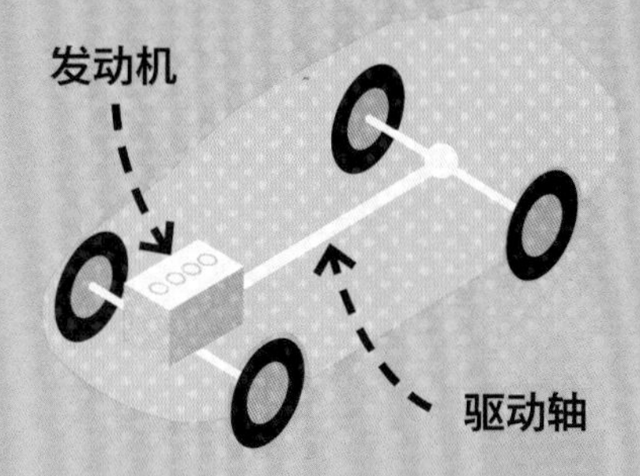

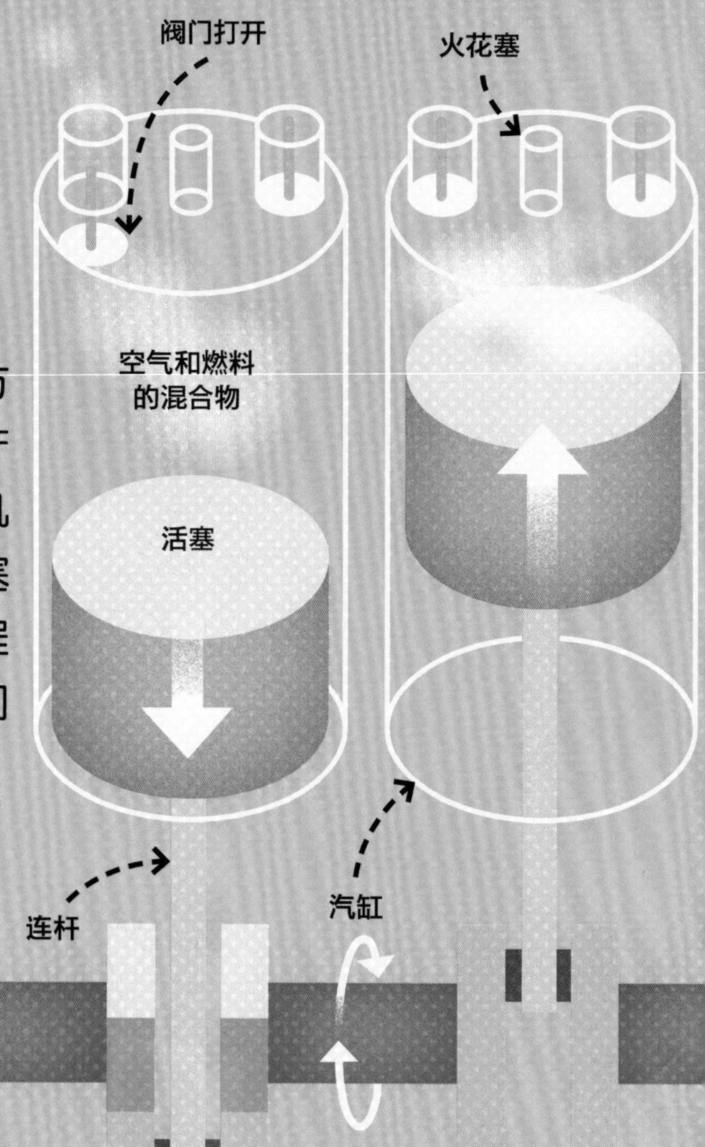

直线加速高速赛车是世界上最快的赛车车型。全程0.4千米的直线加速赛，一辆直线加速高速赛车要燃烧大约45升的燃料，而这些燃料足够一辆普通家用轿车行驶550千米！

❶ 第一冲程

在第一冲程中，活塞下移，汽缸顶端的阀门开启，空气和燃料被吸入汽缸，并在汽缸里混合。

❷ 第二冲程

在第二冲程中，活塞上移，压缩空气和燃料的混合物，汽缸里的压力增加。等到活塞移动至最高点时，汽缸顶部的火花塞产生火花，将空气和燃料的混合物点燃。

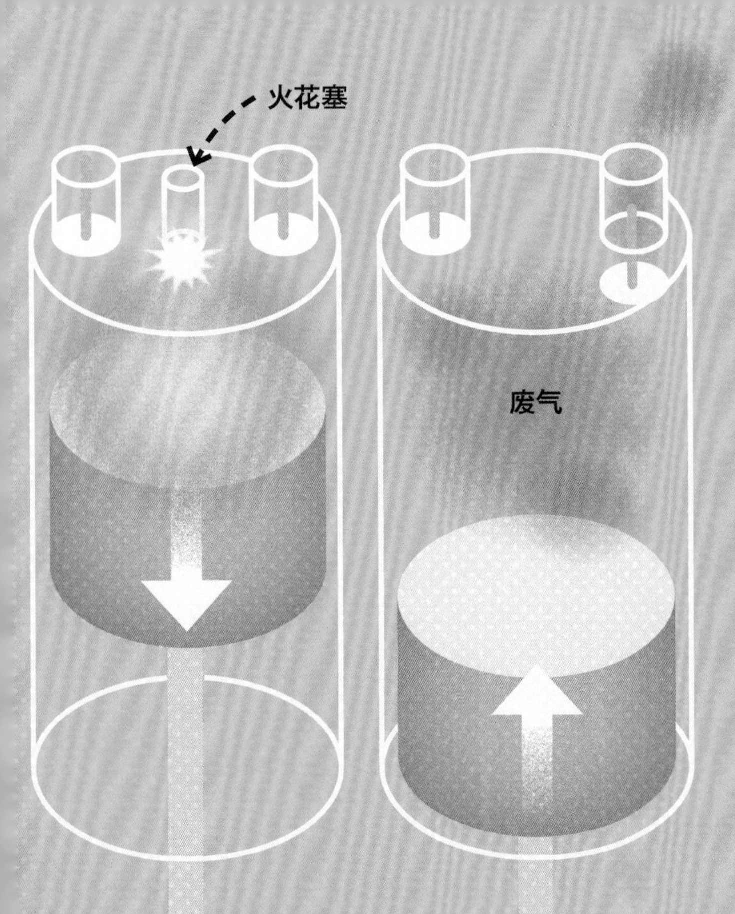

5 重复

四个冲程循环不停地进行，发动机活塞做着上下往复运动。活塞通过连杆与曲轴相连，将上下往复运动转化为旋转运动。在每次冲程循环中，曲轴都会旋转两次，带动车轮旋转两周。

6 力的传输

曲轴的旋转运动通过齿轮传输到汽车的驱动轴上。驱动轴将产生的力传递给汽车车轮，带动车轮转动。

3 第三冲程

在这个冲程中，汽缸中的混合物发生微型爆炸，推动活塞再次下移至汽缸底部。

4 第四冲程

在第四冲程中，活塞再次上移，同时汽缸顶部的另一个阀门开启，将废气排出。

动动手，动动脑

下次坐汽车时，记得看一下车上的转速表。从转速表上可以看到发动机的转速有多快，通常能达到每分钟两三千转。

如何发电

按下电灯开关，灯就会亮。这是因为按下开关闭合了一个电路，电流到达灯泡，灯就亮了。电能的产生有很多种方式。比如风力发电机将风的动能转化为电能，为我们的家庭提供电力。

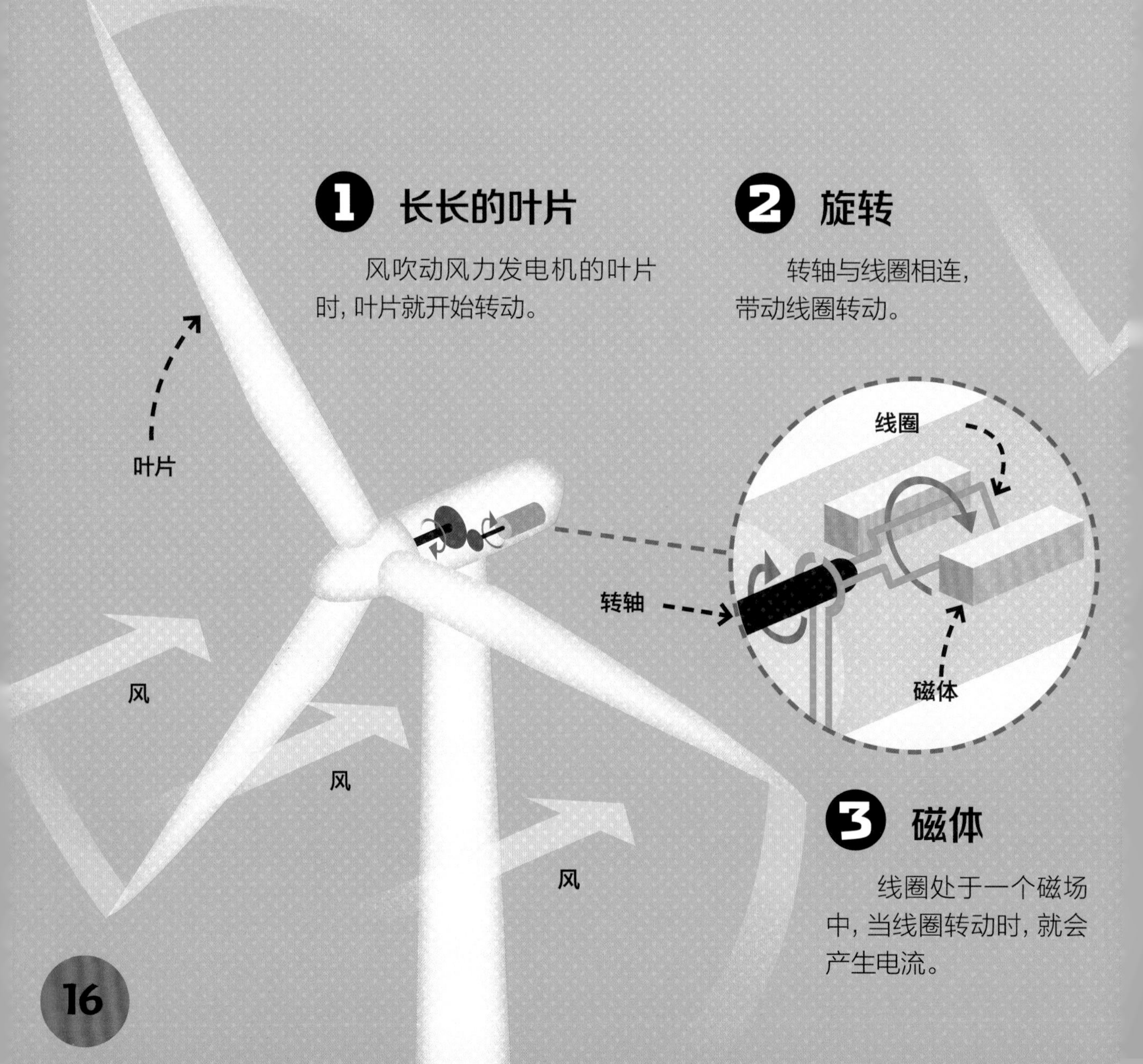

❶ 长长的叶片

风吹动风力发电机的叶片时，叶片就开始转动。

❷ 旋转

转轴与线圈相连，带动线圈转动。

❸ 磁体

线圈处于一个磁场中，当线圈转动时，就会产生电流。

动动手，动动脑

你还能想到有什么其他的方法能驱动发电机吗？水力发电站的水轮发电机是如何转动的呢？

5 家用电

电流再通过变压器转换电压，来到千家万户，成为普通的家用电。

4 电流

电流到了变压器，调整到预定的电压后，可沿输电线进行传输。

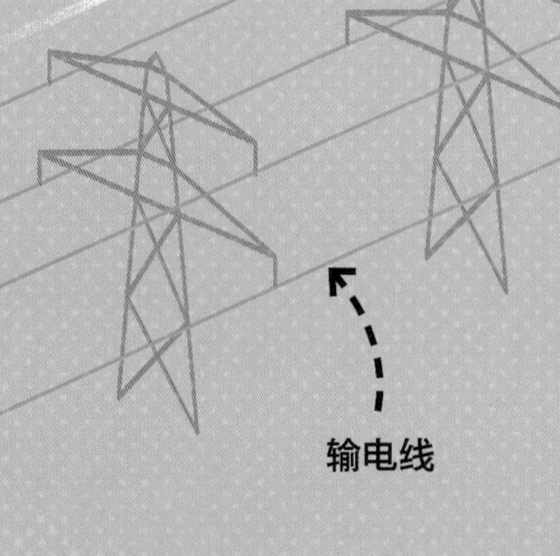

电流

一台功率为6兆瓦的风力发电机可以为大约5 500个家庭提供足够的电力。

如何吹干头发

吹风机里面有一个小小的电动机，可以转动风扇。另外，风筒中还有电热丝，让吹风机吹出的风成为暖风，从而将头发吹干。那么，打开吹风机的那一刹那，发生了什么呢？

❸ 风扇

电动机连接着风扇，风扇旋转时就吹出了风。

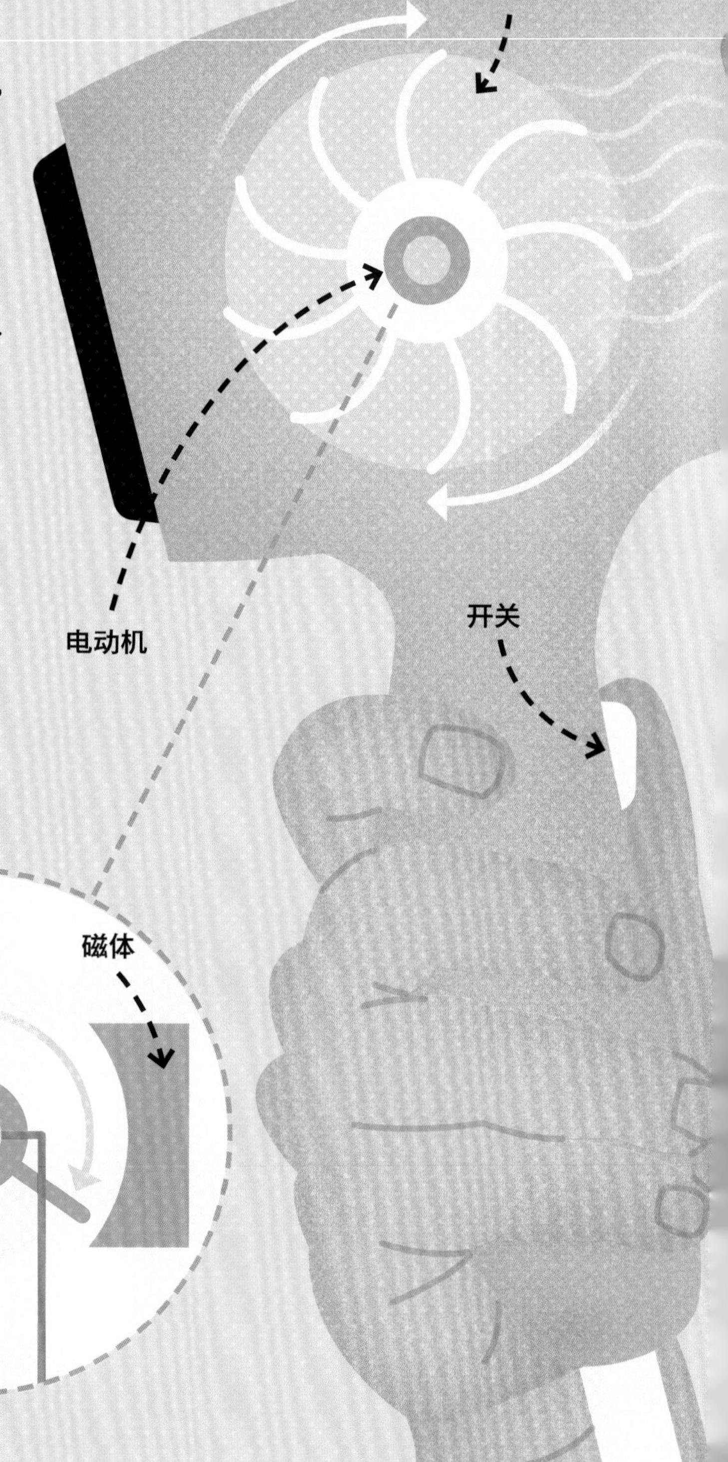

❶ 闭合电路

将吹风机的开关按下，电路闭合，电流就可以进入电动机了。

❷ 旋转

电动机里面有一个被磁场围绕的线圈，当电流进入线圈时，电动机就开始转动。

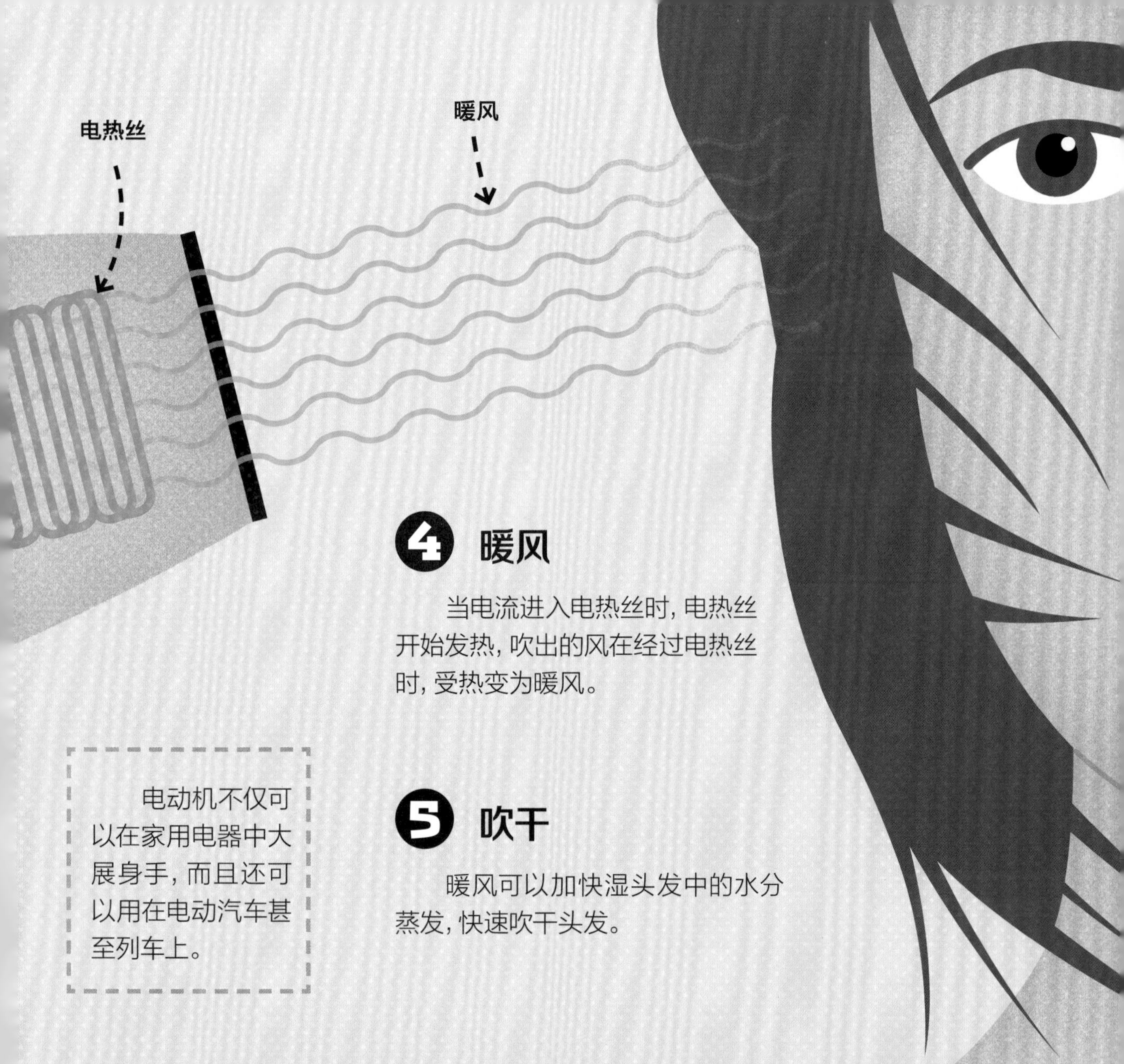

4 暖风

当电流进入电热丝时，电热丝开始发热，吹出的风在经过电热丝时，受热变为暖风。

电动机不仅可以在家用电器中大展身手，而且还可以用在电动汽车甚至列车上。

5 吹干

暖风可以加快湿头发中的水分蒸发，快速吹干头发。

动动手，动动脑

你的学校里有自动门吗？教室里或者办公室里能看到风扇吗？你觉得这些物品需要电动机吗？你还能想到哪些利用电动机的东西呢？

如何收割庄稼

收割庄稼经常需要联合收割机这类大型机器。联合收割机可以将庄稼割倒，收集起来，然后脱粒，剔除杂物。

大型联合收割机能容纳9 000升粮食，这些粮食可以装满45 000个棒球!

❶ 切割

拨禾轮将庄稼送到收割机的割台中，割刀刀头将庄稼从靠近根部的地方割断。

❷ 传送

割下的庄稼被螺旋推运器倒转推到传送带上，随后被送入收割机内部。

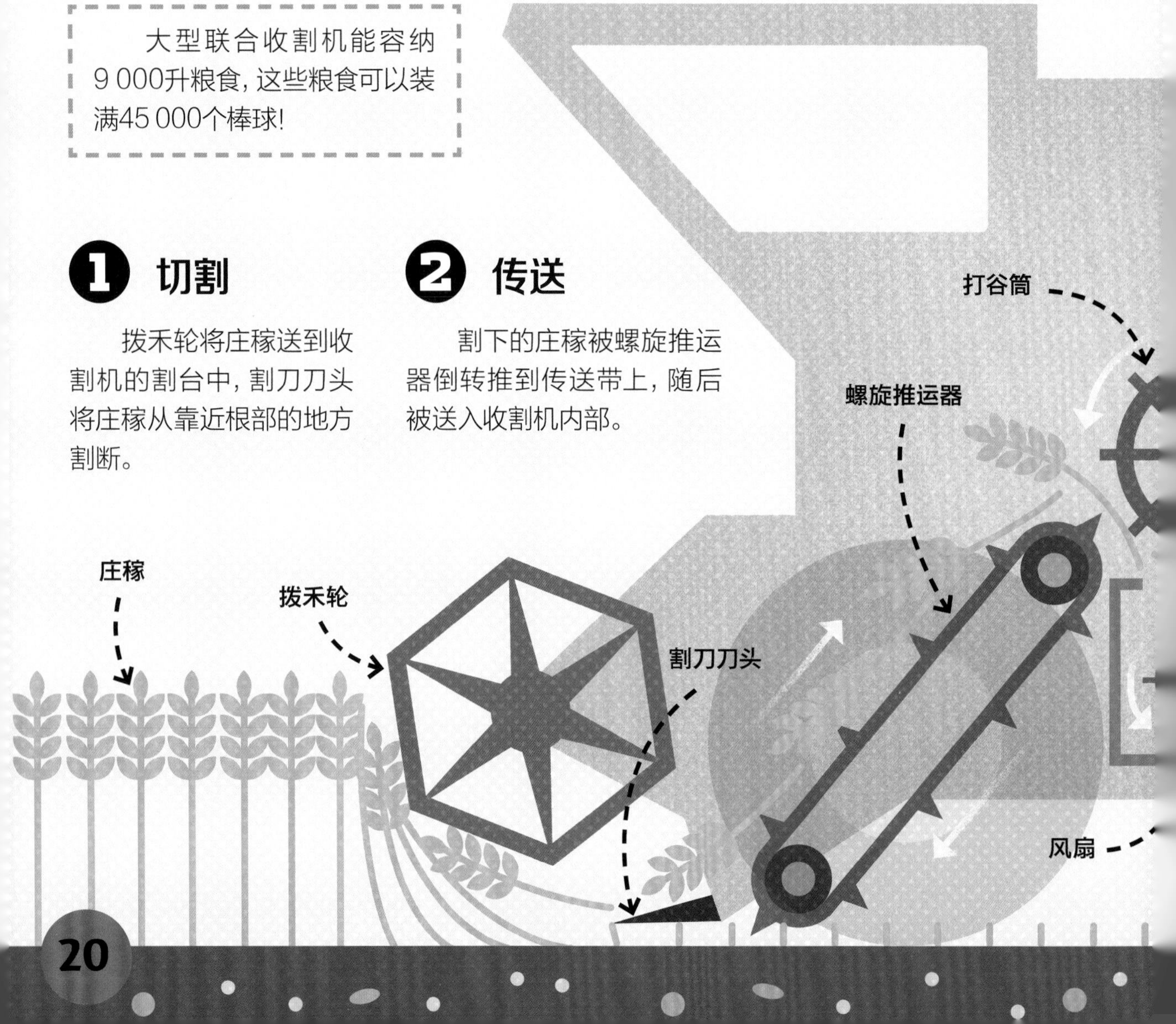

动动手，动动脑

如果一片麦田里长有45吨小麦，一台联合收割机每天可以收割3吨小麦，那么要想一天之内将全部小麦收割完，需要多少台联合收割机？

大型的联合收割机一天大约可以收割450吨小麦。

3 脱粒

谷粒从谷穗上被脱下，随后，谷粒从孔洞中落入脱粒机内部。

4 过筛

在收割机里秸秆被向后传送。经过一连串的凹板筛，夹杂在脱粒机中的谷粒被抖落到粮食仓，随后秸秆从收割机后面掉落出去。

5 谷粒

杂物和脱出来的颖壳被风扇吹散，剩下的谷粒被收入一个巨大的料斗中，然后被装上大拖车。

谷粒

凹板筛

粮食仓

秸秆和颖壳

如何挖掘隧道

在地下很深的地方，长长的隧道掘进机在挖掘隧道。有的隧道位于城市地下，有的隧道穿越山脉，还有的隧道甚至在海底。我们一起来看看，隧道掘进机是怎么挖开岩石，又是如何把碎石清理出来的吧！

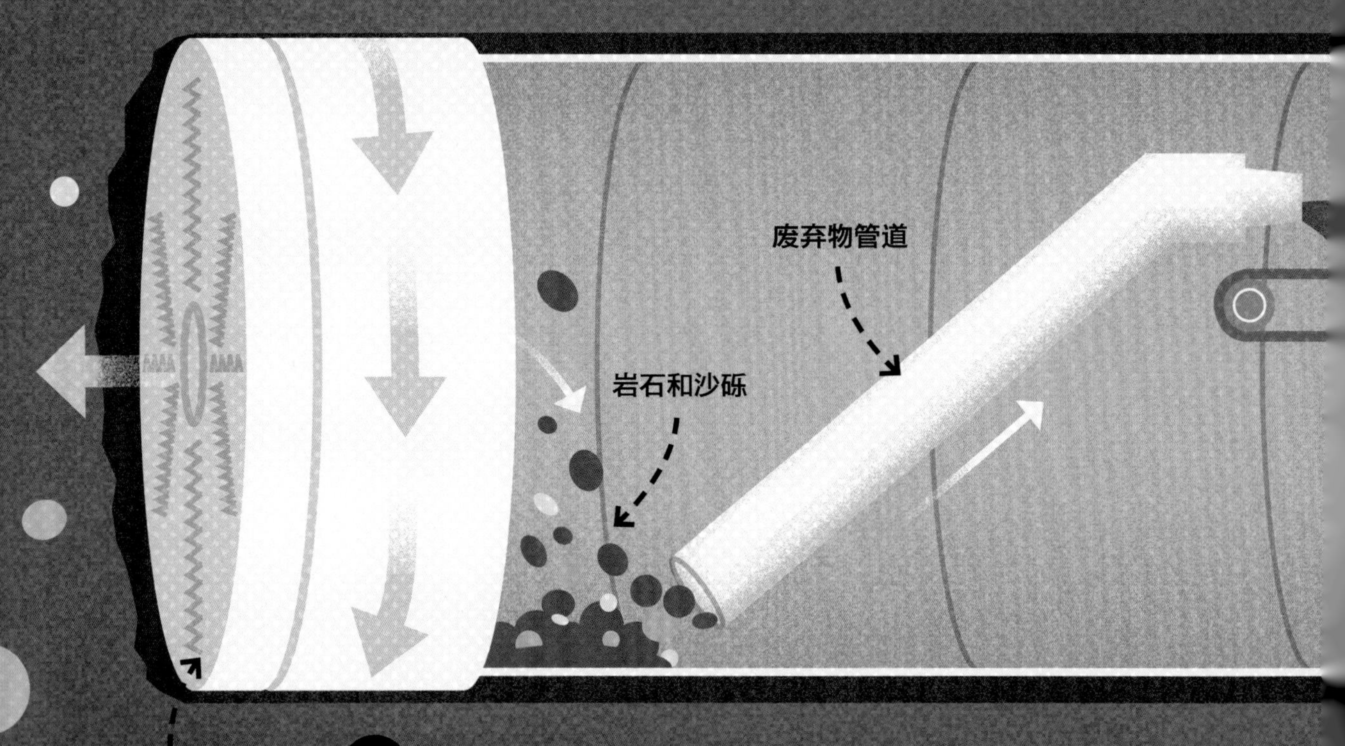

1 凿洞

常见的隧道掘进机的头部有一个巨大的圆盘，叫作刀盘，刀盘上附有锋利的巨大铲斗齿。铲斗齿旋转时，会将隧道掘进机前面的岩石和沙砾挖凿开来。

动动手，动动脑

日本的青函隧道是世界上最长的列车隧道（截至2015年——译者注），长度为54千米。假设一辆火车的行驶速度为81千米/时，那么火车头从进入到离开青函隧道需要多少分钟？

2 丢弃

刀盘后面有个密封隔板，混水室里充满了泥浆，岩石、沙砾和泥浆混合后被运送到隧道掘进机的后部，然后丢弃。

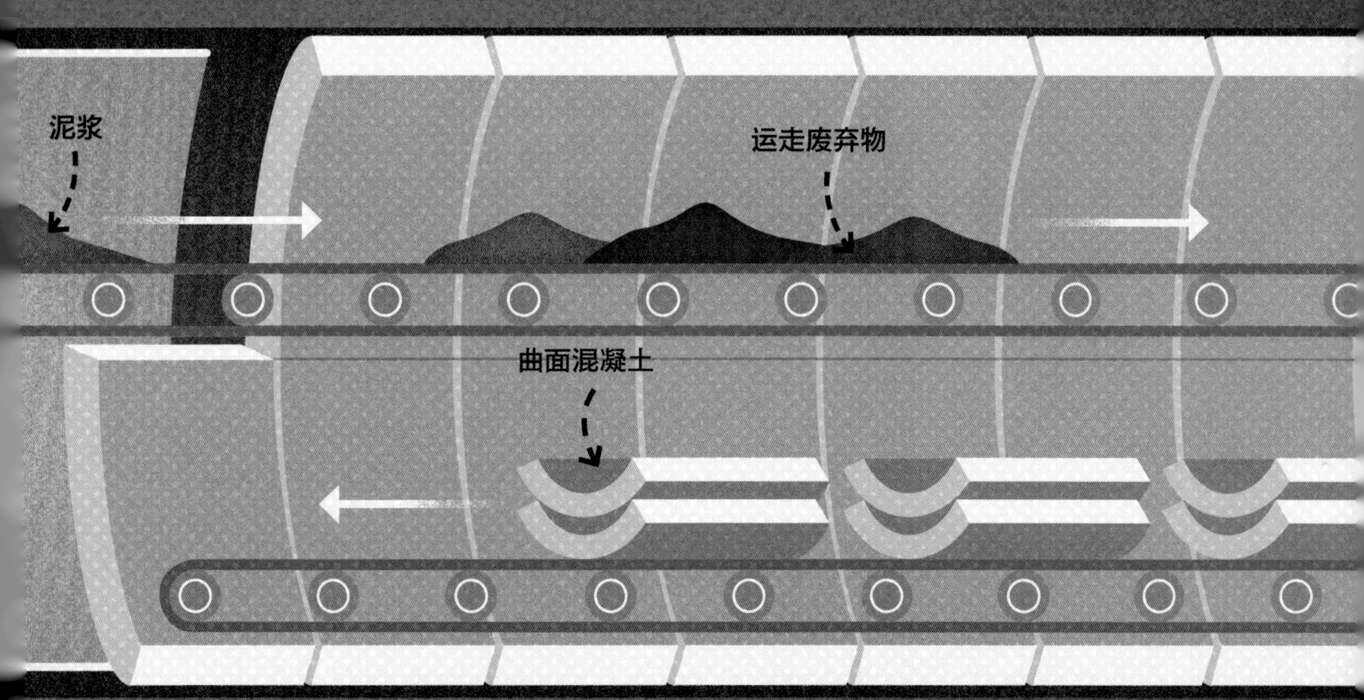

3 衬砌

隧道掘进机将挡在前面的岩石和沙砾粉碎后，就可以慢慢前进。这时，大块的曲面混凝土被衬砌在隧道内壁上，防止隧道坍塌。

每一块用于衬砌的曲面混凝土质量可达163吨，比20头大象还要重！

飞机如何飞行

飞机能飞起来，全靠机翼产生的升力。升力的产生，需要在机翼上方有空气流过。

冲力

❶ 冲力

只有让飞机向前运动，空气才可以流动到机翼上方。所以，飞机需要制造向前的冲力，这就要用到喷气发动机或者螺旋桨发动机。

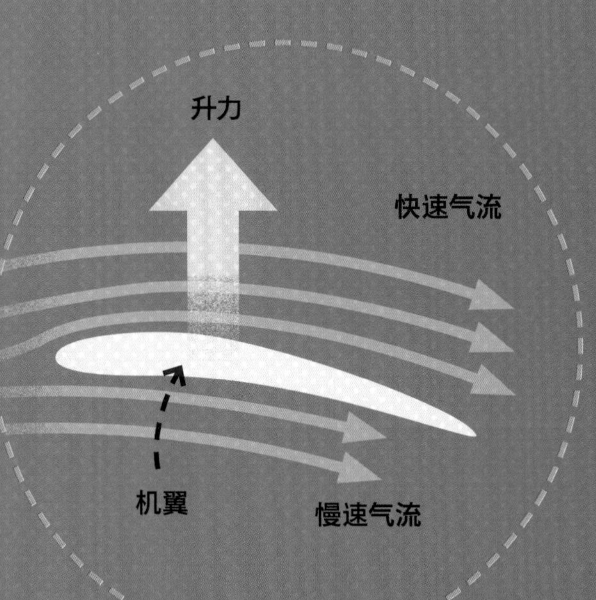

❷ 机翼

机翼的特殊形状可以让经过机翼上方的空气流动得更快，并且机翼上方的气压比机翼下方的气压要低。这时，形成的气压差可以推动机翼上升。

动动手，动动脑

为什么这种形状的机翼可以产生升力呢？拿一张较轻较小的纸，贴到靠近嘴唇下方、下巴上方的位置，向纸朝上的那面吹气，观察纸飘起的样子。

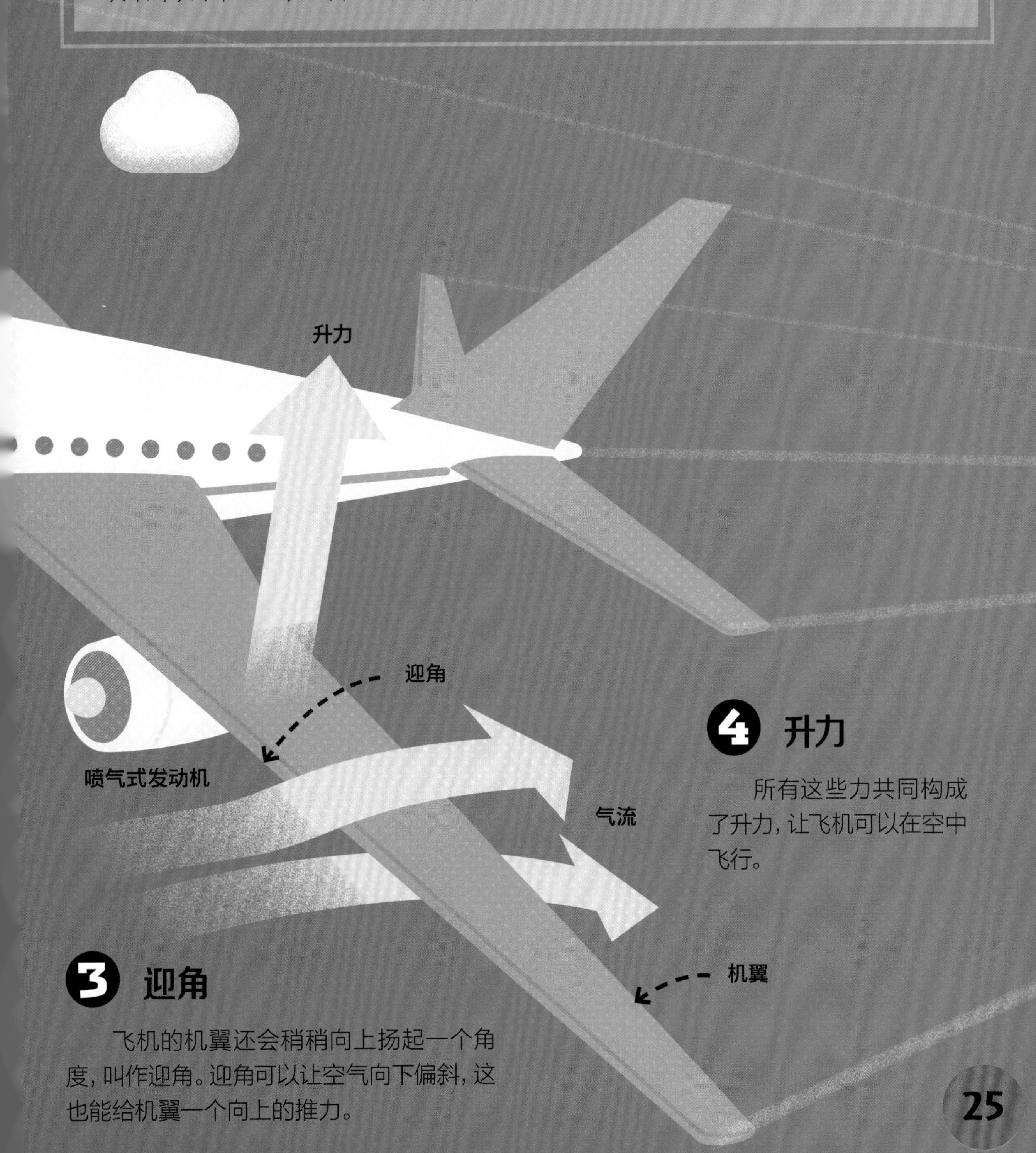

4 升力

所有这些力共同构成了升力，让飞机可以在空中飞行。

3 迎角

飞机的机翼还会稍稍向上扬起一个角度，叫作迎角。迎角可以让空气向下偏斜，这也能给机翼一个向上的推力。

潜艇如何下潜

潜艇既能够潜入水下，又能够浮出水面，靠的是调整浮力。调整浮力，需要潜艇内部专门的压载水舱注水或排水。

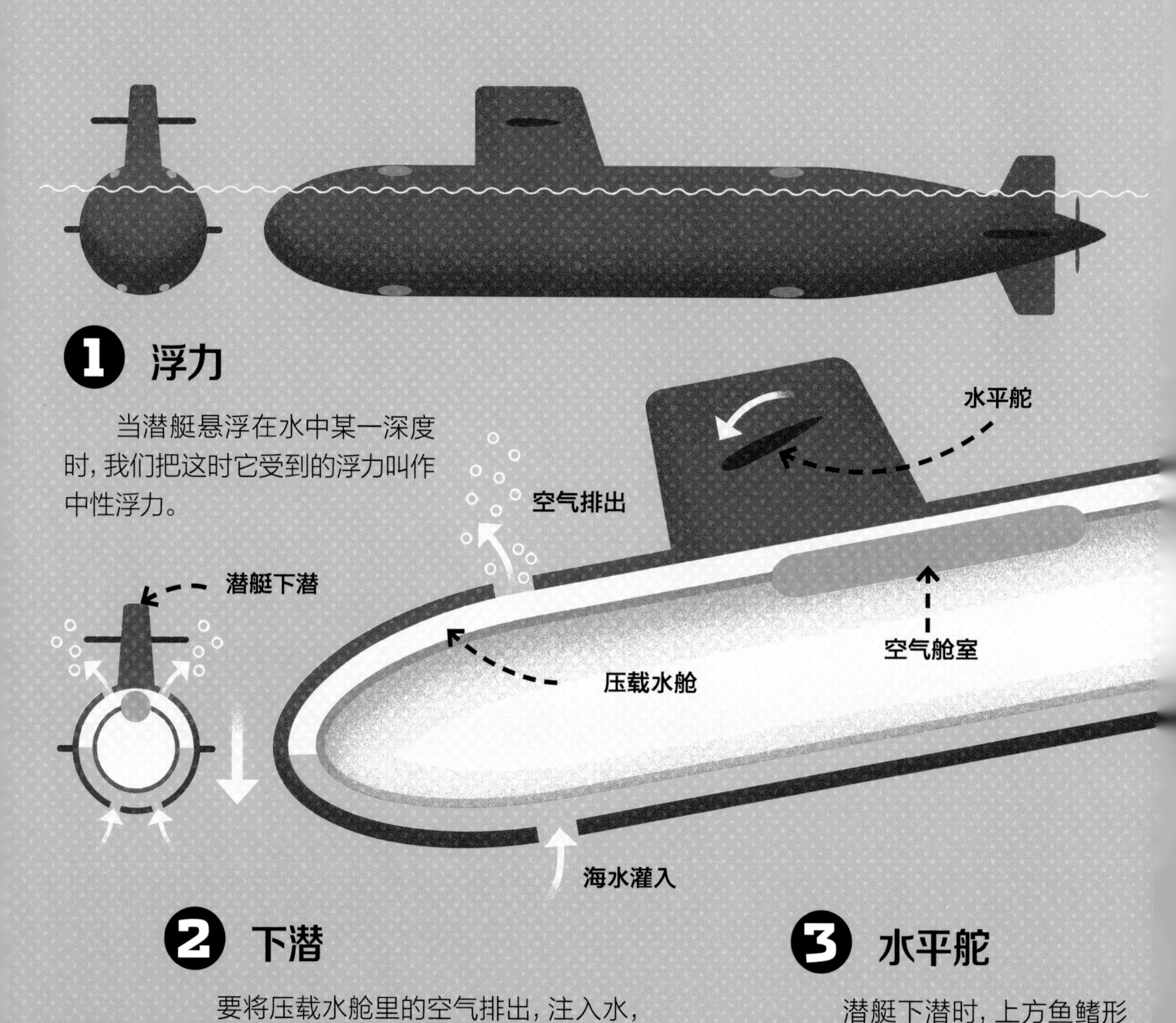

1 浮力

当潜艇悬浮在水中某一深度时，我们把这时它受到的浮力叫作中性浮力。

2 下潜

要将压载水舱里的空气排出，注入水，让潜艇的整体密度大于周围水的密度，潜艇才能下潜。

3 水平舵

潜艇下潜时，上方鱼鳍形状的水平舵也会同时转动，使潜艇的“大鼻子”往下潜。

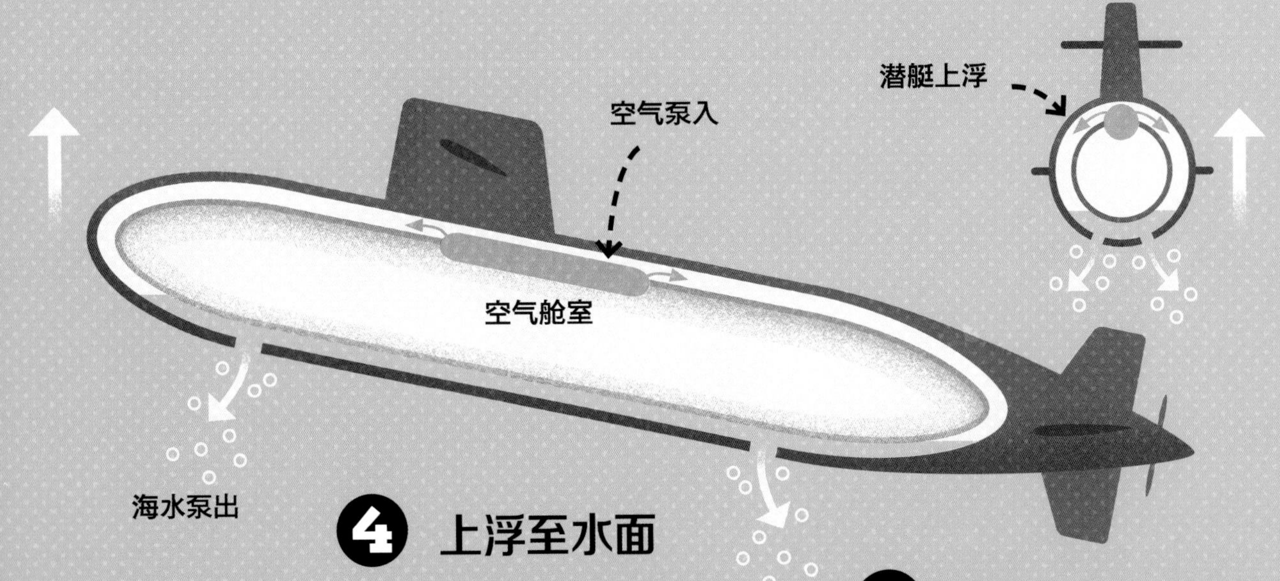

❹ 上浮至水面

将空气泵入压载水舱内，让潜艇的整体密度小于周围水的密度，潜艇才能上浮。

❺ 扬起的“大鼻子”

潜艇上浮的同时，水平舵转动，使潜艇的“大鼻子”上浮。

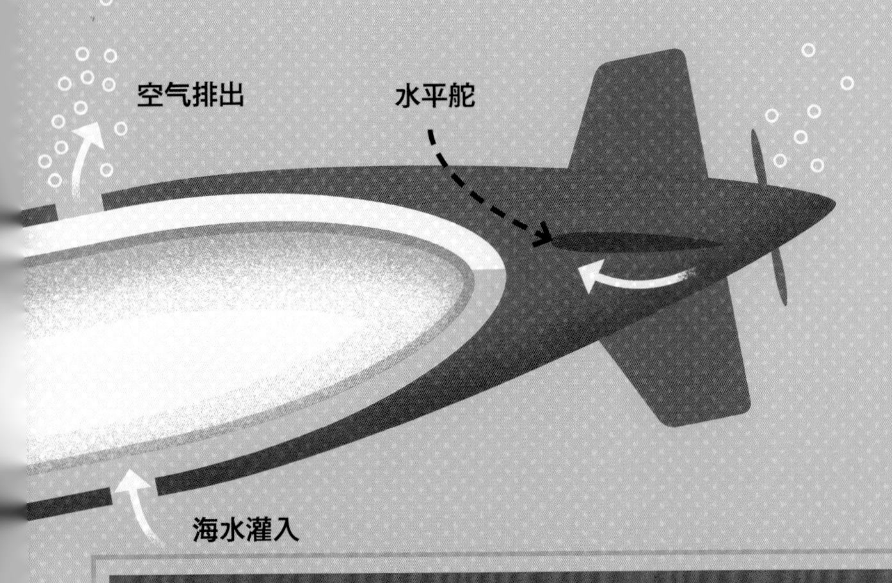

俄罗斯台风级核潜艇是目前世界上最大的潜艇，长达170多米，约是大型喷气式客机翼展长度的2.5倍！

动动手，动动脑

把一个玻璃瓶放进盛满水的洗碗盆中，让玻璃瓶里充满水，然后将玻璃瓶倒置在盆中，用吸管往倒置的瓶中吹气。观察一下，水被吹出了玻璃瓶，而空气却被封存在瓶内。

气垫船如何行驶

气垫船是一种特殊的交通工具，它可以轻松自如地在陆地和水面上行驶，而这主要靠船底形成的气垫来实现。

俄罗斯的野牛气垫船是世界上最大的气垫船，它的行驶速度可以超过100千米/时，载重可达150吨。

1 垫升风扇

气垫船上装有一种特殊的风扇，叫垫升风扇，可以将空气注入船底。

2 橡胶围裙

船底有一块巨大的橡胶围裙，可以将空气封住，阻止空气外逸。

3 抬升

随着注入的空气增多，橡胶围裙内部的气压会升高，将船体抬升，最后气垫船就可以漂浮起来或者在水面上飞行。

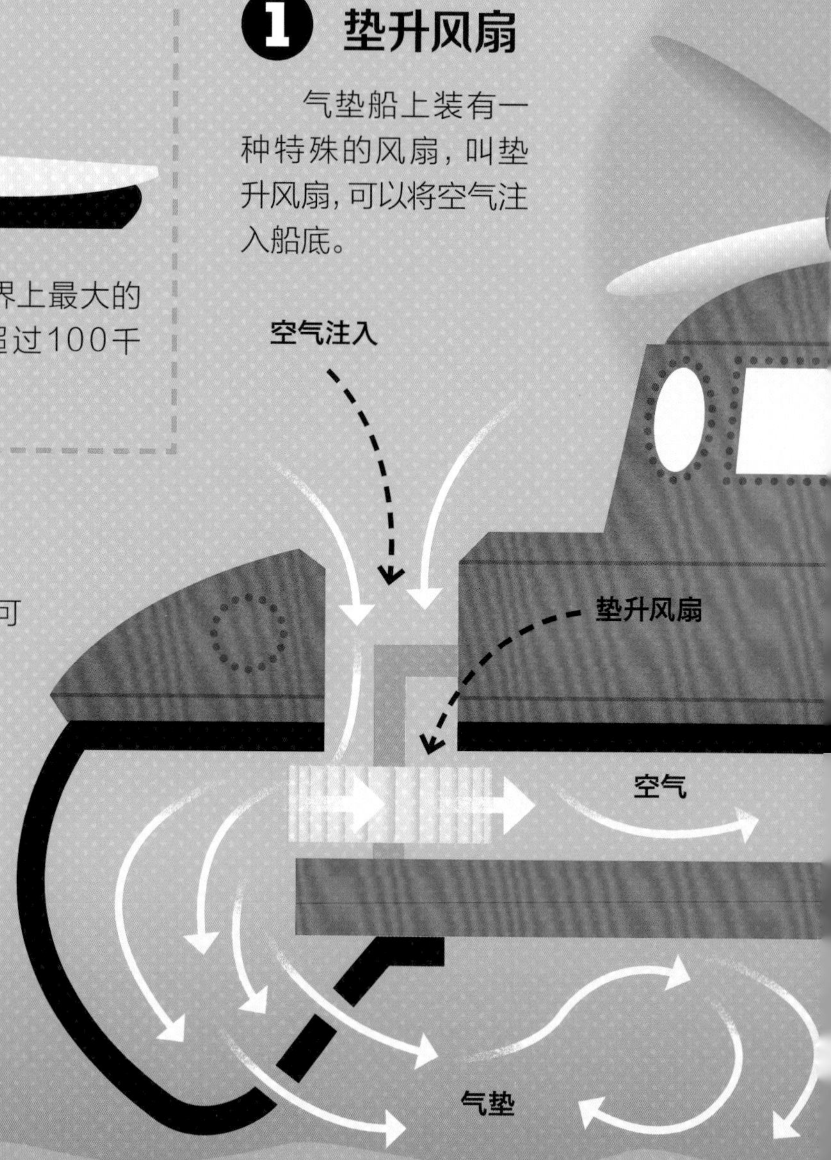

动动手，动动脑

将一张纸放在桌面上，从边缘往纸下吹气。想象一下会有什么结果呢？纸会飘起来，像是下面多了一层气垫一样。这就是气垫船漂浮起来的原理。

❹ 螺旋桨

气垫船上方装有螺旋桨，用于推动气垫船前进及转向。

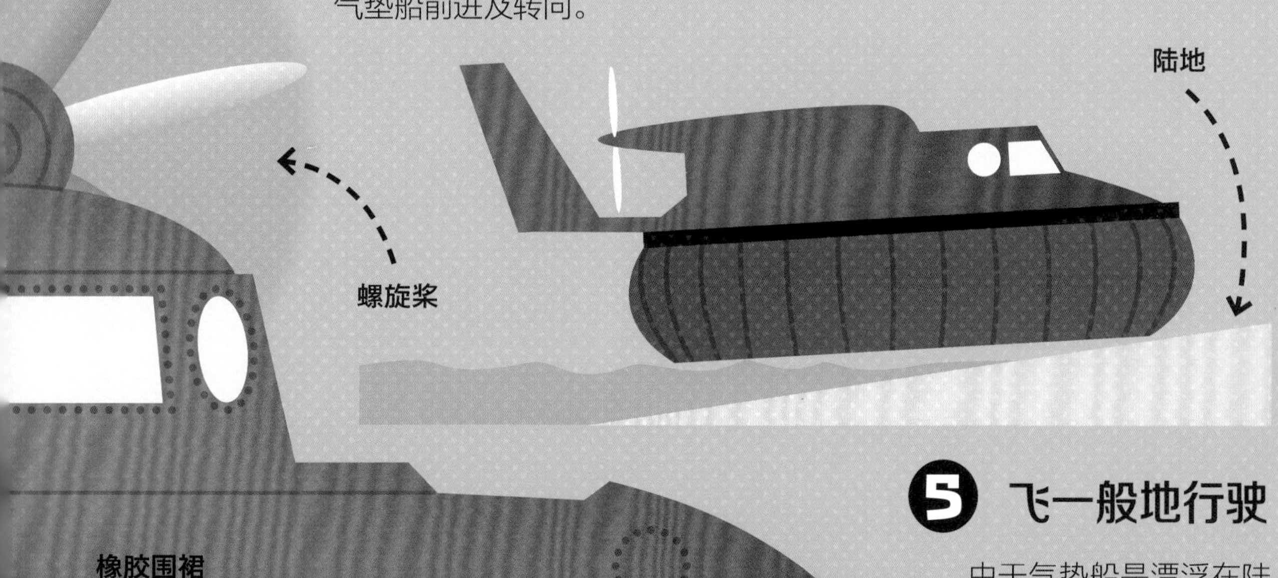

❺ 飞一般地行驶

由于气垫船是漂浮在陆地或者水面上的，所以它可以迅速而便捷地行驶。

气垫船创下的最快行驶速度纪录是137.4千米/时。

* 本书插图系原文插图。

“动动手，动动脑”参考答案

第6~7页：低挡位骑行爬坡更轻松。

第12~13页：挖掘机需要装卸20次才能将翻斗卡车装满。

第20~21页：需要15台联合收割机才能在一天之内把庄稼收割完。

第22~23页：火车需要开40分钟才能穿过青函隧道。

出版统筹：张俊显
品牌总监：耿　磊
责任编辑：王芝楠
助理编辑：韩杰文
美术编辑：刘冬敏
版权联络：郭晓晨
营销编辑：杜文心　钟小文
责任技编：李春林

Machines and Motors (Infographic: How It Works series)
Editor: Jon Richards
Designer: Ed Simkins
First Published in Great Britain in 2016 by Wayland

著作权合同登记号桂图登字：20-2018-022 号

图书在版编目（CIP）数据

精巧实用的机械 /（英）乔恩・理查兹，（英）艾德・西姆金斯著；马阳阳译．一桂林：广西师范大学出版社，2019.10
（“信息图少儿奇趣百科”系列）
书名原文: Machines and Motors
ISBN 978-7-5598-2173-7

Ⅰ．①精… Ⅱ．①乔…②艾…③马… Ⅲ．①机械一少儿读物 Ⅳ．①TH-49

中国版本图书馆 CIP 数据核字（2019）第 190667 号

广西师范大学出版社出版发行
（广西桂林市五里店路 9 号　邮政编码：541004
网址：http://www.bbtpress.com）
出版人：张艺兵
全国新华书店经销
北京博海升彩色印刷有限公司印刷
（北京市通州区中关村科技园通州园金桥科技产业基地环宇路 6 号
邮政编码：100076）
开本：787 mm × 1 092 mm　1/16
印张：2.5　　字数：45 千字
2019 年 10 月第 1 版　　2019 年 10 月第 1 次印刷
印数：0 001~5 000 册　　定价：39.80 元